BEI GRIN MACHT SICH IHR WISSEN BEZAHLT

- Wir veröffentlichen Ihre Hausarbeit,
  Bachelor- und Masterarbeit

- Ihr eigenes eBook und Buch -
  weltweit in allen wichtigen Shops

- Verdienen Sie an jedem Verkauf

Jetzt bei www.GRIN.com hochladen
und kostenlos publizieren

Björn Wollthan

Metabolisches Syndrom und Hypertensive Therapie

GRIN Verlag

Bibliografische Information der Deutschen Nationalbibliothek:

Die Deutsche Bibliothek verzeichnet diese Publikation in der Deutschen National-
bibliografie; detaillierte bibliografische Daten sind im Internet über http://dnb.d-
nb.de/ abrufbar.

Impressum:

Copyright © 2009 GRIN Verlag GmbH
Druck und Bindung: Books on Demand GmbH, Norderstedt Germany
ISBN: 978-3-640-77559-0

Dieses Buch bei GRIN:

http://www.grin.com/de/e-book/161679/metabolisches-syndrom-und-hypertensive-
therapie

Justus-Liebig-Universität Gießen

Fachbereich Agrarwissenschaften, Oecotrophologie

und Umweltmanagement Institut für Ernährungswissenschaft

Metabolisches Syndrom

und

Hypertensive Therapie

Eingereicht von:

Björn Jan Wollthan

Leverkusen

Gestellt von:

Gießen 2009

Gliederung

2. Das Krankheitsbild Metabolisches Syndrom 5

2.1 Risikofaktoren 5

2.2 Stoffwechselstörungen 5

3. Diabetes mellitus 7

3.1 Diabetes mellitus Typ 1 und Therapie 7

3.2 Diabetes mellitus Typ 2 und Therapie 10

4. Adipositas 11

4.1 Adipositas Ursachen und Folgen 12

5. Koronare Herzerkrankungen 13

5.1 Ursachen 14

5.2 Epidemiologie 15

5.3 Hypertensive Therapie 17

5.4 AT 1-Antagonisten 18

5.5 ACE Hemmer 19

5.6 Vergleich ACE Hemmer mit AT1 Antagonisten 20

6. Zusammenfassung und Ausblick 22

Literaturverzeichnis 24

2. Das Krankheitsbild Metabolisches Syndrom

2.1 Risikofaktoren

Die Risikofaktoren des Metabolischen Syndroms werden nach der American Heart Association folgendermaßen definiert [Adipositas Stiftung Deutschland]:
- Übergewicht und Adipositas ab einem BMI von 25,5 und höher,
- Insulinresistenz und Glukosestoffwechselstörungen,
- Diabetes mellitus ab einem HbA1c von >6,5 %,
- Arterielle Hypertonie ab einem Blutdruck von >140 / 90 mmHg,
- Hyper- und Dyslipoproteinämie ab einem Triglyceridwert von > 1,6 mmol/l und HDL <0.9 mmol/l.

In der Regel wird das Metabolische Syndrom von arteriosklerotischen Gefäßerkrankungen wie Herzinfarkt, Schlaganfall und Verschlusskrankheiten Bein-Arterien begleitet. Es können weitere Symptome wie Gallensteinleiden, Gicht, degenerative Erkrankungen der Gelenke und des restlichen Bewegungsapparates sowie Fettleber und Nierenerkrankungen auftreten. Das Metabolische Syndrom beschäftigt Wissenschaft und Forschung schon seit Jahren und wird immer wieder kontrovers, bezüglich Krankheitsverlauf und Ausbruch, diskutiert.

Seine Prävalenz wird in den Industrieländern auf ca. 15 – 30% geschätzt. 60% der in Deutschland lebenden Menschen sind laut der Nationalen Verzehrs-Studie II übergewichtig [Max Rubner Institut, 2008]. Da sich die einzelnen Risikofaktoren nacheinander in mehreren Schritten manifestieren und dann erst pathologisch werden, ist es von großer Bedeutung, frühzeitig gegen die einzelnen Erscheinungen vorzugehen. Ebenso wichtig ist, die Bevölkerung ausreichend zu informieren. Denn durch den schleichenden Verlauf des Metabolischen Syndroms ahnen viele Patienten nichts von ihrer Erkrankung und suchen zu spät ärztlichen Rat. Bis zu diesem Zeitpunkt treten jedoch oftmals irreversible Schäden auf.

2.2 Stoffwechselstörungen

Eine Stoffwechselstörung ist die krankhafte Veränderung von chemischen Abläufen im Körper. Sie bezieht sich unter anderem auf die Verwertung von Lipiden, Kohlenhydraten, Proteinen, Mineralstoffen und Spurenelementen.

Stoffwechselstörungen können erworben oder auch geerbt sein. Sie beruhen etwa auf einem Schaden oder verminderter, fehlender Aktivität von bestimmten Enzymen. Chemische Reaktionen können dadurch blockiert werden. [DGE, 2002] Diese Defekte führen zu einer Akkumulierung von Substanzen, die pathogen auf den Körper wirken können. In den Industrieländern treten zunehmend Störungen des Kohlenhydrat- und Fettstoffwechsels auf [Deutsche Diabetes-Stiftung (DDS) 2008]. Dies führt oft zu einem Diabetes mellitus oder zu einer Hypercholesterinämie. Laut dem Bundesamt für Statistik belaufen sich die Behandlungskosten von Diabetes mellitus auf 4.855 Millionen Euro pro Jahr [Statistisches Bundesamt 2006]. Dieser Betrag ist höher als derjenige für die Behandlungskosten bei Darmkrebspatienten (3.193 Millionen Euro pro Jahr).

Fettstoffwechselstörungen äußern sich vorwiegend über die Erhöhung von Low-Density-Lipoprotein-Cholesterin (LDL) und die Senkung von High-Density-Lipoprotein-Cholesterin (HDL). Diese Veränderung der Blutfettwerte wird auch als Hyperlipoproteinämie oder Hyperlipidämie bezeichnet. Sie kann zu aterosklerotischen Plaques führen, durch die es wiederum zu arteriellen und koronaren Problemen kommen kann.

Unter den Stoffwechselstörungen finden sich ebenfalls Störungen im endokrinen System, wie zum Beispiel der Schilddrüse. Weitere häufige Erkrankungen sind neben dem Karzinom die Hypothyreose: Sie liegt vor, wenn die Schilddrüse keine oder nur unzureichende Mengen an Schilddrüsenhormonen (T3 und T4) bildet, so dass die Hormonwirkung an den Zielorganen verringert ist oder ganz ausbleibt. Die Hyperthyreose liegt vor, wenn die Schilddrüse (Thyroidea) vermehrt Schilddrüsenhormone (T3 und T4) bildet, so dass eine überschießende Hormonwirkung an den Zielorganen erreicht wird. Zumeist liegt der Erkrankung eine Störung in der Schilddrüse selbst zu Grunde. Die Schilddrüsenhormone bewirken eine Steigerung des Gesamtstoffwechsels und eine Förderung des Wachstums und der Entwicklung. Außerdem beeinflussen die Hormone die Muskulatur, den Calcium- und Phosphathaushalt, sie regen die Eiweißproduktion (= Proteinbiosynthese) und die Bildung des Zuckerspeicherstoffes Glykogen an. [Dr. Marc Jungermann, 2007] Durch diese Erkrankungen kann es zu klinischen Bildern bei Patienten kommen.

Aber auch Störungen der Nebenniere können den Hormonstatus beeinflussen und Einfluss auf das Körpergewicht und den Krankheitsverlauf nehmen.

3. Diabetes mellitus

Der Diabetes mellitus ist eine Stoffwechselstörung, die zu pathologischen Veränderungen im Blutzuckerhaushalt führt. Weltweit sind laut der Internationalen Diabetes Föderation 246 Millionen Menschen an Diabetes mellitus erkrankt [IDF Stand Januar 2007]. In Deutschland geht man zurzeit von rund 6 Millionen Erkrankten aus. Von diesen 6 Millionen sind 95% an Diabetes mellitus Typ 2 erkrankt. Betrachtet man zusätzlich die KORA Studie [Helmholtz Zentrum München - Deutsches Forschungszentrum für Gesundheit und Umwelt, Prof. Dr. Günther Wess 2001], die sich aus 1500 Männern und Frauen zwischen 55 und 74 Jahren zusammen setzt, so hatte in dieser Studie fast jeder zweite Mann und jede dritte Frau Diabetes oder eine Glukose-Stoffwechselstörung. Wenn man nun noch die Frühstadien des Diabetes mellitus berücksichtigt, erkennt man, dass diese Krankheit schon fast endemische Ausmaße annimmt.

3.1 Diabetes mellitus Typ 1 und Therapie

Der Diabetes mellitus Typ 1 ist durch einen absoluten Mangel am Hormon Insulin gekennzeichnet. Es handelt sich hierbei um eine Autoimmunerkrankung (das Immunsystem richtet sich gegen körpereigenes Gewebe), die auch als Insulitis bezeichnet wird. Bei der Insulitis sind unter anderem Makrophagen, Dendritische Zellen, B-Lymphozyten, CD8+ und CD4+ T-Lymphozyten beteiligt. Durch diese immunstimulierenden Zellen kommt es zu einer entzündlichen Invasion der Beta-Zellen auf den Langerhans-Inseln im Pankreas. Doch die genauen pathobiochemischen Mechanismen, die zu einer Insulitis und damit zu einem Diabetes mellitus Typ 1 führen, sind noch nicht ausreichend erforscht.

Der Beginn der Entzündung wurde in den frühen Kinderjahren beobachtet. Durch die langsam aber stetig fallende Insulinproduktion manifestiert sich der Diabetes mellitus Typ 1 erst bei einer Zerstörung der Beta-Zellen von rund 80 bis 90 Prozent.

Aufgrund des nun fehlenden Insulins kommt es zu unterschiedlichen Symptomen:

Aufgrund des fehlenden Hormons Insulin ist der Insulinrezeptor nicht mehr in der Lage, Einfluss auf den Blutglukosespiegel zu nehmen. Insulin ist der Schlüssel zum Mechanismus um Glukose aufzunehmen. Die Aufnahme wird über den Insulin abhängigen GLUT 4 Membrantransporter gesteuert. Er fördert die Glukosespeicherung in den Muskel- und Leberzellen sowie ins Gehirn. Ebenso sind der Auf- und Abbau von Fettgewebe und die Förderung des Zellwachstums abhängig vom Insulin. Hieran erkennt man deutlich die umfassende Bedeutung des Hormons Insulin und dessen gravierende Folgen bei seinem Verlust.

Es gibt verschiedene Theorien, wie ein Diabetes mellitus Typ 1 entstehen kann. Eine Ansicht geht davon aus, dass er über eine Virusinfektion induziert wird. Andere stellen auf Umwelteinflüsse oder einen hereditären Ursprung ab.

Bei der Virusinfektion geht man davon aus, dass die Zellen des Pankreas einem Virus oder Bakterium so ähnlich sehen, dass das Immunsystem nicht unterscheiden kann, ob es sich um eine körpereigene Zelle oder um ein Antigen handelt. So werden nicht nur die Virus- oder Bakterienzellen angegriffen, sondern auch die Zellen im Pankreas vernichtet. [Richer MJ, 2009][W. Kiess, 2001] Ätiopathogenese des Diabetes mellitus Typ 1]

Bei der durch Umwelteinflüsse verursachte Form des Diabetes mellitus Typ 1 streitet bislang die Wissenschaft, ob die Ernährungsweise einen entscheidenden Einfluss ausüben könnte. In einer Studie [Savilahti E. Juni 2009] ist gezeigt worden, dass Kinder, die gestillt worden sind, ein geringeres Krankheitsrisiko haben in den ersten 8 Lebensjahren an Diabetes mellitus Typ 1 zu erkranken, als Kinder, die mit Kuhmilchprodukten bis zum ersten Lebensjahr ernährt worden sind. Doch aus der Studie geht ebenso hervor, dass Stillen den Krankheitsverlauf lediglich zeitlich verschiebt. Denn ab dem Alter von 11 Jahren war die Prävalenz fast wieder identisch.

Die genetischen Faktoren, durch die sich ein Diabetes mellitus Typ 1 manifestieren kann, sind hier nicht außen vor zu lassen. Denn aus der Migrationsstudie „Diabetesrisiko deutscher und italienischer Kinder" [Dr. Stefan Ehehalt; 2002] geht hervor, dass in Deutschland lebende Kinder und Jugendliche, die deutscher Herkunft sind, häufiger an Typ 1 Diabetes mellitus erkranken, als in Deutschland lebende Kinder und Jugendliche italienerischer Herkunft. Letztere erkranken jedoch gleich häufig an Typ 1 Diabetes mellitus wie in Italien lebende italienische Kinder.

Eine Sonderform der Erkrankung ist unter LADA (Latent Autoimmune Diabetes of Adults) bekannt. An diesem speziellen Typ von Diabetes können auch Menschen im Alter von >25 Jahren erkranken. Hierbei findet man im Blut der Patienten Antikörper, die die Insulin produzierenden Beta-Zellen des Pankreas angreifen und zerstören. Da der Verlauf ähnlich dem des Typ 1 Diabetes mellitus ist, wird LADA ebenso diesem Typ zugeordnet.

Bei der Therapie vom Diabetes mellitus Typ 1 geht es um die Vermeidung akuter Komplikationen wie Unterzuckerung oder Ketoazidose, die Vorbeugung von Folgeerkrankungen und die Steigerung der Lebenserwartung und Lebensqualität der Patienten. Das fehlende Hormon Insulin wird subkutan injiziert. Da es jedoch noch keine bekannte Therapie zur Heilung des Diabetes mellitus Typ 1 gibt, sind die Patienten lebenslang auf die Injektion von Insulin angewiesen. Sie ersetzt die verlorengegangene / beeintrachtigte Insulinsekretion des Patienten. Die dafür erforderliche Insulinwirkung ist das Produkt der aktuell verfügbaren Insulinmenge und der Insulinempfindlichkeit des Gewebes. Die Abstimmung von Insulinbedarf und Insulinempfindlichkeit wird beim Gesunden durch die Betazellen des Pankreas über die kontinuierliche Messung der Blutglukosekonzentration gewährleistet.

Der Erfolg einer Insulintherapie ist von dem Wissen des Patienten über die Zusammenhänge von Insulinbedarf (-sekretion) und Nahrungsaufnahme abhängig. Dieses Wissen muss er in die tägliche therapeutische Praxis umzusetzen. Die Notwendigkeit einer guten Stoffwechselführung als Voraussetzung für die Vermeidung von diabetesassoziierten Spätschaden wurde für den Typ 1 Diabetes im Rahmen von Langzeitstudien belegt [Pirart, 1978,]. Insbesondere der protektive Einfluss einer verbesserten Blutglukoseeinstellung auf das kardiovaskulare Risiko konnte nachgewiesen werden [DCCT, 2005, EK Ib].

Um bei Patienten mit Diabetes mellitus Typ 1 das fehlende Insulin zu substituieren, sind Kenntnisse über den physiologischen Insulinbedarf sowie die pharmakokinetischen und - dynamischen Eigenschaften der therapeutisch verwendeten Insuline von großer Bedeutung. Für die Planung der Insulintherapie sind zudem wichtig: (a) die Berücksichtigung der Abhängigkeit des Additiven Insulinbedarfs von der Nahrungszufuhr und (b) das Verhältnis zwischen basalem und prandialem Insulinbedarf. [W. A. Scherbaum, 2007]

3.2 Diabetes mellitus Typ 2 und Therapie

Ursachen eines Diabetes mellitus Typ 2 können sehr unterschiedlicher Natur sein und sind vom Patienten abhängig. Beim Diabetes mellitus Typ 2 spielt die Vererbung eine wichtige Rolle. Menschen, deren Elternteile an Diabetes mellitus Typ 2 erkrankt sind, müssen mit einer 60% Wahrscheinlichkeit damit rechnen, dass auch sie später daran erkranken. Wenn jedoch nur ein Elternteil an Diabetes mellitus Typ 2 erkrankt ist, sinkt die Wahrscheinlichkeit der Erkrankung auf 40%. Die Gene allein haben zwar eine tragende, jedoch nicht die entscheidende Rolle. Der Lebensstil des jeweiligen Menschen hat ebenfalls einen starken Einfluss auf den Krankheitsverlauf bzw. die Manifestation des Diabetes mellitus Typ 2.

Leber-, Muskel- und Fettzellen werden im Laufe der Krankheit unempfindlich gegenüber dem Insulin. Es entsteht eine Insulinresistenz. Das Pankreas erkennt dieses Problem und steuert mit einer vermehrten Sekretion von Insulin entgegen. Somit steigen nicht nur die Insulinwerte im Blut, sondern auch die Blutzuckerwerte an. Es herrscht ein relativer Insulinmangel. Dies kann das Pankreas durch gesteigerte Insulinproduktion lediglich bis zu einem bestimmten Punkt kompensieren. Es kommt zum sogenannten „Ausbrennen" des Pankreas.

Mit anhaltendem Zustand kann das Pankreas die Insulinsekretion nicht mehr aufrechterhalten und ein absoluter Insulinmangel beim Patienten ist die Folge.

Die Insulinresistenz kann durch hereditäre Faktoren, sowie durch Adipositas und Bewegungsmangel ausgelöst werden. Blutglukose kann nur unzureichend oder gar nicht durch die Zellen aufgenommen werden und der Blutzuckerspiegel steigt. Die Zellen signalisieren dem Körper weiterhin einen Glukosemangel, woraufhin der Körper mit der Bildung von Glukagon versucht den Zellen mehr Glukose zur Verfügung zustellen. Doch die Zellen sind aufgrund der Insulinresistenz nicht in der Lage die Glukose aufzunehmen. Daraufhin steigt der Blutzuckerspiegel weiter an. Die Insulinwirkung kann durch die Anzahl der Fettzellen verringert werden. Gerade das viszerale Bauchfett spielt bei der Insulinresistenz bei Diabetes mellitus eine große Rolle.. Ein hoher Blutzuckerspiegel kann sich auf Leber-, Muskel-, Herzzellen und Arterien auswirken. Die genannten Eigenschaften können wiederum zum Metabolischen Syndrom mit all seinen Begleiterscheinungen wie Bluthochdruck, Fettstoffwechselstörungen und Gefäßschäden führen.

Bei steigendem Übergewicht besteht die Möglichkeit, dass das Pankreas kein Insulin mehr produzieren kann. Die Bauchspeicheldrüse ist erschöpft und es kommt zu einem absoluten Insulinmangel. War der Diabetes mellitus Typ 2-Patient vorher noch in der Lage, mit Medikamenten und einer Änderung seines Lebensstils dem Diabetes mellitus entgegenzuwirken, ist er nach dem absoluten Insulinmangel darauf angewiesen, sich mit Insulin zu therapieren.

Bei der Therapie des Diabetes mellitus ist zu beachten, dass Diabetiker den Umgang mit der Erkrankung früh erlernen müssen. Von der Deutschen Diabetes Gesellschaft gibt es einen 4-Stufen-Leitfaden, der dem Patienten und dem Arzt die Möglichkeit gibt, den Diabetes mellitus Typ2 besser zu verstehen, damit umzugehen und zu therapieren. Zu Beginn der Behandlung sollte der Patient dazu ermuntert werden sein Lebensstil zu ändern, indem er sich mehrmals täglich bewegt, seine Ernährung umstellt, die richtige Körperpflege lernt. Wenn die Gewichtsreduktion und der Wechsel des Lebensstils nicht den gewünschten Erfolg bringt, muss eine Behandlung mit Antidiabetika eingeleitet werden. Auf dem Markt gibt es eine Vielzahl von Substanzen, die bei der Therapie eingesetzt werden. Hier wäre die Substanzklasse der Glitazone zu nennen. Das Präparat actros® ist in der Lage, die Insulinsensitivität der Zellen zu verbessern, indem es die zu den intrazellulären Rezeptoren gehörenden PPAR (Peroxisomal Proliferator Activated Receptors) steigert und durch Interaktion mit der DNA die Bildung von Proteinen erhöht. Durch vermehrte Expression und Translokation von Glucosetransporten wird die Glucoseaufnahme in die Zellen gesteigert, was wiederum ein Sinken des Blutzuckerspiegels zur Folge hat. Das ist eine Möglichkeit, medikamentös den Blutzuckerspiegel zu senken. Wenn der Patient nach 1 bis 2 Monaten die Zielwerte von einem Blutzucker von 120 mg/dl nüchtern nicht erreicht hat, werden orale Antidiabetika verabreicht. Werden auch damit die Zielwerte nicht erreicht, muss der Diabetiker mit Insulin eingestellt werden.

4. Adipositas

Adipositas ist ein besonders in Industrieländern an Bedeutung zunehmendes Problem. Steigende Mortalität und Morbidität ausgelöst durch Hypertonie, Dyslipidämie, Diabetes mellitus und Herz-Kreislauferkrankungen konnten in den letzten Jahren in Verbindung mit Adipositas beobachtet werden. Die Adipositas wird unter verschiedenen Synonymen geführt wie Fettleibigkeit, Fettsucht oder Obesitas. Adipositas wird von der WHO ab einem BMI von 30 definiert. Laut dem Bundesamt für Statistik liegen die Kosten für Adipositas und sonstige Überernährung bei rund 761 Millionen Euro pro Jahr [Statistisches Bundesamt Stand 2002].

Menschen mit Adipositas oder Übergewicht gehören einer Risikogruppe an. Durch die Folgeerkrankungen z.B. des Kreislaufsystems kann es schnell zu extrem hohen Folgekosten kommen [Statistisches Bundesamt 2006].

4.1 Adipositas Ursachen und Folgen

Die Ursachen der Adipositas sind vielfältig. Unter anderem können Stress, Essstörungen, „moderner" Lebensstil (Bewegungsmangel, Fehlernährung) und Medikamente Adipositas auslösen.

Der Grad der Adipositas wird nach der WHO in 5 Kategorien abgebildet.

Kategorie nach WHO	BMI
1. Normalgewichtig	18,5 – 24,9
2. Übergewicht	25 – 29,9
3. Adipositas Grad I	30 – 34,9
4. Adipositas Grad II	35 – 39,9
5. Adipositas Grad III	>40

Die WHO beruft sich bei ihren Kategorien auf den BMI (body mass index), der sich aus folgenden Parametern errechnen lässt: Körpermassenzahl ist gleich Masse durch Größe zum Quadrat.

$$BMI = \frac{m}{l^2}$$ [WHO, 1995]

In der Formel gibt *m* die Körpermasse in Kilogramm und *l* die Körpergröße in Metern an.

Ein Lebensstil mit zu kalorienreicher Ernährung und mangelnder Bewegung kann eine Ursache für Adipositas sein. Dadurch gelangt der Körper in eine Dysbalance, in der mehr Kalorien konsumiert,, als verbraucht werden.

Der heutiger Lebensstil begünstigt Übergewicht und Adipositas durch sitzende Tätigkeiten, wie dem Autofahren, Bürotätigkeiten und ungesunden Essgewohnheiten. Die Werbung tut ihr Übriges, indem sie meist zuckerhaltige oder fettreiche Nahrungsmittel anpreist und dadurch die Ahnungslosigkeit vieler Verbraucher über gesunde Ernährung ausnutzt. Bei Erwachsenen steigt die Anzahl und auch das Volumen der Fettzellen im Verlauf der Adipositas an. Gleichzeitig nehmen Anzahl und Empfindlichkeit der Insulinrezeptoren im Fettgewebe ab. Die Fettzellen reagieren nur noch gering auf das Hormon Insulin und können den durch Nahrungsaufnahme steigenden Blutzuckerspiegel nicht senken.

Die genetische Ausstattung eines Menschen prägt ihn nachhaltig. Sein Grundumsatz, seine Nahrungsverwertung, sowie auch sein Fettverteilungsmuster sind im Erbmaterial verschlüsselt. Insbesondere bei der Adipositas konnte man durch die Beschreibung von bislang fünf monogenen Formen klar aufzeigen, welche Gene unter anderem verantwortlich sind: Leptin-Gen, Leptin-Rezeptor-Gen, Proconvertase-Gen, Proopiomelanocortin-Gen und das Melanocortin-4-Rezeptor-(MC4R) Gen.

5. Koronare Herzerkrankungen

Eine koronare Herzkrankheit (KHK) liegt dann vor, wenn ein oder mehrere Herzkranzgefäße durch Ablagerungen in der Gefäßwand (Arteriosklerose) verengt oder verschlossen sind. Dies führt dazu, dass der Herzmuskel hinter der Verengung nicht mehr ausreichend mit Blut versorgt wird und somit Schaden nimmt. [Weiland, 2006]

Koronare Herzerkrankungen sind die häufigsten Todesursachen in den Industrienationen [statista.de, 2009]. Sie erzeugen die höchsten Kosten [destatis.de, 2006] und sind im Hinblick auf den demographischen Wandel noch nicht ganz am Höhepunkt angekommen. Obgleich beeindruckende Erfolge in der Akutbehandlung, der Primär- und der Sekundärprävention die Senkung der Alterstodesrate bei den koronaren Herzerkrankungen zeigen, sollten gerade deswegen die Prävention, Forschung und Therapie weiter verbessert werden.

5.1 Ursachen

Die Ursachen sind meistens eine Unterversorgung der Koronararterien mit Blut und somit auch eine Unterversorgung mit Sauerstoff. Hauptursache ist die Arteriosklerose, welche in 2 Typen eingeteilt werden kann. Der Typ I ist die Verletzungshypothese „Response-to-injury hypothesis". Hier geht man davon aus, dass es durch eine Verletzung der obersten Arterienwandschicht, der Tunica Intima, durch äußere Einwirkung wie ein Trauma oder auch durch Viren, Toxine, Antigen-Antikörper-Reaktionen oder andere Verletzungen zu verschiedenen pathobiochemischen Mechanismen kommen kann. Einerseits wird durch Zytokine die Proliferation ausgelöst. Außerdem wird eine Migration von glatten Muskelzellen aus der mehrschichtigen Tunica Media in die Intima gefördert. Zum anderen verursachen Makrophagen, die in die Intima und Media migrieren, durch Aufnahme von modifiziertem LDL über den Scavenger-Rezeptor, die Bildung von sogenannten Schaumzellen. Diese beiden Mechanismen führen über längere Zeit zur Bildung von herdförmigen Gewebsveränderungen, welche auch als Plaques bezeichnet werden. Diese sind charakteristisch für das klinische Bild der Arteriosklerose.
Die 2. Hypothese, die „Lipoprotein-induced atherosclerosis", wird durch eine Aufnahme von chemisch modifiziertem LDL durch Makrophagen und die darauf folgende Bildung von Schaumzellen klassifiziert. Diese Klassifizierung wird als die Hauptursache der Arteriosklerose bezeichnet. Durch die Umwandlung von Makrophagen in Schaumzellen wird eine Entzündungsreaktion ausgelöst, welche im

weiteren Verlauf auch auf tiefere Schichten der Arterienwand Auswirkungen haben kann. Die Folge ist eine stetige Umwandlung des Gewebes, wodurch es zu einer Abnahme des Arteriendurchmessers und zu einer Minderversorgung der Zellen mit Blut kommt. Es entsteht eine Dysbalance zwischen Sauerstoffbedarf und Sauerstoffangebot. Durch das Ungleichgewicht von Bedarf und Angebot können Mikro- und Makroangiopathie entstehen und ein langer Prozess startet, welcher zu Beginn nicht wahrgenommen wird. Denn das Herz verfügt über koronare Durchblutungsreserven für Belastungssituationen und gleicht geringe Querschnitts-Veränderungen der Koronarien aus. So bleiben die Querschnitts-Veränderungen unbemerkt und führen zu einem asymptomatischen Krankheitsverlauf.

Bei der Arteriosklerose werden 4 Schweregerade festgelegt:

- Grad I ist bei einem Durchmesser um 35-49% kleiner als normal.
- Grad II ist eine Verkleinerung von 50-70% und bedeutet eine starke Stenose.
- Grad III ist eine Verengung von 75-99% bedeuten, was schon eine kritische Stenose ist.
- Grad IV ist ein kompletter Verschluss.

Weitere Faktoren wie Hypertonie, Tachykardi, Herzrhythmusstörungen oder Fieber, Anämie und Lungenerkrankungen können in diesem Zusammenhang den Sauerstoffbedarf steigernde Prozesse oder auch das Sauerstoffangebot senkende Prozesse sein, welche allesamt zu einer koronaren Herzerkrankung führen können.

5.2 Epidemiologie

Weltweit gehören die Herz-Kreislauf-Erkrankungen zu den häufigsten Todesursachen. Die Haupttodesursachen sind ischämische Herzerkrankungen [destatis.de, 2006] und zerebrovaskuläre Erkrankungen [Peeters A, 2006]. Herz-Kreislauf-Erkrankungen sind in den Industrieländern für über 45%, in den Entwicklungsländern für rund 24,5% der Sterblichkeit verantwortlich. Ausgehend von den Daten aus dem „Assessing Intervention Effects in the Minnesota Heart Health Program" werden die kardiovaskulären Erkrankungen sowohl in den Industriestaaten als auch in den Entwicklungsländern weiterhin die Mortalitätsstatistik anführen. Die Herz-Kreislauf-Erkrankung ist die Haupttodesursache bei Frauen über 65 Jahren und bei Männern ab dem 45. Lebensjahr. Das Risiko für Männer, an Herz-Kreislauf-

Erkrankung zu erkranken, ist höher als für Frauen. Lediglich bei Herzinsuffizienz und Schlaganfall ist das Risiko für Frauen höher [Hennekes CH, 2003].

Seit ca. Mitte der 1920er Jahre ist die Mortalitätsrate für Herz-Kreislauf-Erkrankungen in den meisten Ländern um 20 % gesunken. Etwa 40% dieser Reduktion sind der verbesserten Therapie zu Gute zu schreiben, die übrigen 60% realisieren sich durch eine Reduktion der Risikofaktoren, vor allem dem Rückgang des Rauchens und der Behandlung der Hypertonie mit neuesten pharmazeutischen Möglichkeiten. Diese Daten sind jedoch mit Vorsicht zu betrachten, denn auch wenn die Mortalität, besonders bei den ischämischen Herzerkrankungen, zurückgegangen ist, ist weiterhin unklar, ob nur die Inzidenz fällt oder ob der Rückgang der Sterblichkeit lediglich die höhere Überlebensrate wieder spiegelt. Die höhere Überlebensrate geht von verbesserten primären und sekundären Präventionsmaßnahmen aus, die durch die Krankenkassen und Pharmakonzerne entwickelt worden sind.

Die Prävention wird definiert als Strategien und Maßnahmen, die vor der Kuration (Behandlung von Krankheit) einsetzen und darauf zielen, um eine Verschlechterung zu vermeiden:

- Primärprävention: Verhütung von Krankheiten durch Minderung von
  Gesundheitsbelastungen und Vermehrung von Gesundheitsressourcen
- Sekundärprävention: Maßnahmen der Früherkennung von Krankheiten und
  der frühen Behandlung (Verhindern von Verschlimmerung, Akutproblemen,
  Folgeerkrankungen)
- Tertiärprävention: Maßnahmen, die Folgen und Spätschäden einer
  Krankheit verzögern, begrenzen, verhindern wollen (Rückfallprophylaxe, z.B.
  Rehabilitation)

In einem Vergleich ausgewählter Länder wie Japan, Russland, den USA, Frankreich und den EU-Staaten zeigt sich, dass die Mortalität verursacht durch die koronaren Herzerkrankungen in Deutschland über dem EU-Durchschnitt liegt [destatis.de 2004]. Es gibt genügend Beweise, dass Präventionsmaßnamen und Programme die Mortalität der koronaren Herzerkrankungen senken können. Diese Programme sind zudem nicht kostenintensiv und könnten auch in Entwicklungsländern zu einer Senkung der Mortalität durch koronare Herzerkrankungen führen.

5.3 Hypertensive Therapie

Werden Herzprobleme diagnostiziert, empfiehlt man zuerst, je nach Zustand des Patienten, mit einer Lebensstiländerung zu beginnen, um ein Fortschreiten der Krankheit zu vermeiden. Man rät zu körperlicher Bewegung in Form von sportlichen Aktivitäten im semimaximalen Bereich. Den meisten Patienten wird geraten, mit Walken, Radfahren oder Schwimmen zu beginnen. Es sollten täglich rund 30 Minuten moderates Training durchgeführt werden, um die Sauerstoffversorgung des Herzens zu verbessern. Die damit einhergehende Gewichtsreduktion vermindert auch die Insulinresistenz, führt zu mehr Wohlbefinden und senkt die Morbidität. Die meisten Patienten müssen sich erst an sportliche Aktivitäten gewöhnen. Deshalb sollte man mit dem Training langsam beginnen und die Intensität stufenweise steigern. Bei sportlichen Aktivitäten sollte allerdings darauf geachtet werden, dass keine pressenden Übungen eingebaut werden. Schweres Krafttraining wäre kontraindiziert, da durch das Pressen der Blutdruck wieder ansteigen würde.

Häufig wird auch eine Ernährungstherapie notwendig sein, da viele Hypertoniker im Hinblick auf die Nährstoffversorgung mangelernährt sind und häufig an Übergewicht oder dem sogenannten Metabolischen Syndrom leiden (siehe Kapitel 2.). Besonders bei Hypertonikern bietet sich eine kochsalzarme Diät an, da durch Kochsalz eine Vasokonstriktion ausgelöst wird, was wiederum zu einem erhöhten Blutdruck führen kann.

Auch auf Alkohol sollte verzichtet werden. Übermäßiger Konsum kann aufgrund des hohen Kaloriengehalts zu Übergewicht führen. Zum anderen aktiviert Alkohol das vegetative Nervensystem, das unsere lebenswichtigen Körperfunktionen steuert. Hieraus resultiert ein erhöhter Herzschlag. Es wird mehr Blut vom Herzen ausgeworfen, was eine Vasodilatation begünstigt.

Das Rauchen ist für Hypertoniker besonders ungesund. Das in Tabak enthaltene Nikotin ist ein starkes Nervengift. Es ist in der Lage, die Herz- und Atemfrequenz zu steigern und die Gefäße zu verengen. Dies führt zu einer mangelnden Durchblutung und dadurch zu einer Abkühlung der Extremitäten. Zudem wird eine Arteriosklerose begünstigt [Berrettini WH, 2005]. Das Risiko, an Herz-Kreislauf-Erkrankungen zu sterben, ist für Raucher unter 65 Jahren doppelt so hoch wie für Nichtraucher. Bluthochdruckpatienten sollten deshalb unbedingt auf das Rauchen verzichten.

Der Bluthochdruck kann aber auch durch Umweltfaktoren wie Stress negativ beeinflusst werden. Deswegen empfiehlt sich, bei Patienten mit Hypertonie eine umfassende Anamnese durchzuführen um festzustellen, wie und in welchem Maße eine medikamentöse Behandlung erforderlich ist. Eventuell genügt schon eine Stressreduktion und der Einsatz von Medikamenten ist unter umständen vorerst nicht erforderlich.

5.4 AT 1-Antagonisten

In Deutschland sind 7 AT1-Antagonisten zugelassen. Orale Antihypertensiva sind: Candesartan, Losartan, Valsartan, Irbesartan, Telmisartan, Eprosatan und Olmesartan.

Antagonisten sind Gegenspieler. AT1-Antagonisten wirken als spezifische Hemmstoffe am Subtyp 1 des Angiotensin-II-Rezeptors. Angiotensin II ist ein körpereigenes Hormon, das durch Katalyse des Angiotensin-Converting-Enzyms (ACE) aus Angiotensin I entsteht. Chemisch gesehen ist Angiotensin ein Peptid, das durch Renin von einem Vorläufer Eiweiß (Angiotensinogen) abgespalten wird. Die Wirkungsmechanismen von Angiotensin II werden über zwei verschiedene Rezeptortypen vermittelt AT1 und AT2.

Die hauptsächliche blutdrucksenkende Wirkung entsteht durch Blockade der AT1-Rezeptoren. Hieraus resultiert einerseits eine Vasodilatation, andererseits eine Blockade des Hormons Aldosteron in der Nebennierenrinde. Dadurch wird in der Niere Natrium vermehrt abgegeben und das Blutvolumen verkleinert, wodurch ebenso der Blutdruck gesenkt wird.

Candesartan, ein AT1-Antagonist, zeigt eine hohe Selektivität für AT1-Rezeptoren. Es besitzt eine 10.000 fach höhere Affinität zu AT1-Rezeptoren als zu AT2-Rezeptoren. Durch die Blockade von Angiotensin II direkt an seinem AT1-Rezeptor kommt es zu einem verminderten Abbau von Bradykinin [Paolo Madeddu, 2000]. Dieses führt zu einer Aktivierung der Prostagalndinsynthese. Es kann daher einerseits Bradykinin-vermittelt zu einer Prostaglandinanhäufung, andererseits durch das Antiphlogistikum zu einer Hemmung der Prostaglandinsynthese kommen.

Eine mögliche wechselseitige Schwächung der AT1-Antagonisten und der antiphlogistischen Wirkung bei gleichzeitiger Gabe von ACE-Hemmer und NSAR findet über diesen Mechanismus ihre Erklärung.

Beim Asthmaanfall werden erhöhte Angiotensin-II-Spiegel gemessen und bekannt ist, dass Bradykinin zur Verengung der Atemwege führt., ACE-Hemmer greifen durch die Blockade des Angiotensin-Converting-Enzyms (ACE = Kininase-II) auch in den Kininstoffwechsel ein und führen über eine Akkumulation von Bradykinin in bis zu 20% der mit ACE-Hemmern behandelten Patienten zur Auslösung eines trockenen Reizhustens [Israeli et Hall 1992]. Im Gegensatz zu den ACE-Hemmern blockieren AT1-Rezeptorblocker spezifisch den AT1-Rezeptorsubtyp ohne Beeinflussung anderer Regelkreise. Der typische ACE-Hemmer Husten hat möglicherweise eine genetische Grundlage, weil er bei Patienten mit dem speziellen Genotyp I des ACE-Hemmer-Gens signifikant häufig auftritt [Chadwick et al. 1994].

5.5 ACE Hemmer

In Deutschland sind zurzeit 14 Arzneistoffe der ACE Hemmer Klasse zugelassen. Sie sind Hemmstoffe des Angiotensin konvertierenden Enzyms (Angiotensin Converting Enzyme), das ein Teil einer Blutdruck regulierenden Kaskade ist (Renin Angiotensin Aldosteron System). Die ACE Hemmer sind in der Lage das Angiotensin Converting Enzym zu hemmen. Dieses Enzym hat im Organismus zwei Hauptaufgaben: Einerseits ist es für die Synthese des gefäßverengend wirkenden Angiotensin II aus seiner inaktiven Vorstufe, dem Angiotensin I, zuständig. Andererseits katalysiert es den Abbau des Mediators Bradykinin in inaktive Produkte, wodurch es zur Abnahme der Angiotensin-II-Konzentration an den Angiotensin Rezeptoren (AT1 und AT2) kommt. Hierdurch erfolgt primär ein Absinken des Blutdrucks, das auf ein Sinken im Blut-Gefäßtonus zurückzuführen ist. Sekundär führt die Abnahme des Angiotensin-II-Spiegels zu einer Verringerung der Aldosteron-Freisetzung aus der Nebennierenrinde und beeinflusst dadurch den Wasserhaushalt. Bei Nierenerkrankungen, wie der diabetischen Nephropathie, bei der es zu einer erhöhten Proteinausscheidung über den Harn kommt (Proteinurie), führen ACE-Hemmer zu einer verminderten Proteinausscheidung   und verhindern dadurch ein Fortschreiten der Erkrankung (Nephroprotektion). Bei der Hemmung des Abbaus von

Bradykinin kommt es dadurch bei 5 -10% der Patienten zum Reizhusten, der auch als ACE Hemmer Husten bezeichnet wird.

5.6 Vergleich ACE Hemmer mit AT1 Antagonisten

Die AT1-Rezeptorblocker haben im Vergleich zu den ACE-Hemmern einen sehr viel spezifischeren Wirkmechanismus im Renin-Angiotensin-Aldosteron-System (RAAS). Aufgrund ihrer direkten Blockade des AT1-Rezeptors und der verbleibenden Aktivierung des AT2-Rezeptors setzten die AT1-Rezeptorblocker im Vergleich zu den unspezifischeren ACE-Hemmern klinisch relevante Wirkungs- und Verträglichkeitsakzente. AT1-Rezeptorblocker beeinflussen keine anderen Regelkreise und sind daher, unter anderem, besser verträglich. Die bekannten Bradykinin-abhängigen Nebenwirkungen der ACE-Hemmer wie Reizhusten, Angioödem oder auch verstärkte allergische Reaktionen (z.B. nach Wespenstichen) treten entweder gar nicht oder sehr viel seltener auf.

Mehrere große Studien sind dazu derzeit verfügbar, in denen AT1-Antagonisten eingesetzt wurden. In der SCOPE-Studie [Lithell et al, 2003] wurden 4973 ältere Hypertoniker entweder mit dem AT 1– Antagonisten Candesartan oder mit einem Placebo behandelt. Wurde der Zielblutdruck nicht erreicht, wurden in beiden Patientengruppen andere Antihypertensiva mit Ausnahme von ACE-Hemmern und AT1–Antagonisten verabreicht. Die Blutdrucksenkung in der Candesartangruppe war ausgeprägter als in der Kontrollgruppe. Der Endpunkt (Summe von Schlaganfällen, Myokardinfarkten, kardiovaskulären Todesfällen) unterschied sich in den beiden Behandlungsgruppen nicht. In der Candesartangruppe wurden weniger Schlaganfälle beobachtet als in der Kontrollgruppe. Dies könnte Folge der unterschiedlichen Blutdruckwerte sein. Bei vergleichbaren erzielten Blutdruckwerten wurden in der Gruppe mit den AT1 Antagonisten weniger Schlaganfälle beobachtet als in der Kontrollgruppe. Insgesamt ergeben sich aus der erwähnten Studie Hinweise, dass AT1 Antagonisten gegenüber anderen Antihypertensiva bei der Verhinderung von Komplikationen bei Hochrisikopatienten überlegen sein können. [Lithell et all, 2003]

In dem kürzlich publizierten Studie „Ongoing Telmisartan Alone and in Combination with Ramipril Global Endpoint Trial (ONTARGET)" [Unger, 2003] wurden der AT1-Antagonist und ein ACE-Hemmer sowie die Kombination beider Substanzen bei insgesamt 25620 Patienten mit kardiovaskulären Erkrankungen oder mit Diabetes mellitus und Endorganschäden verglichen. Bei Eintritt in die Studie lag der Blutdruck in allen drei Patientengruppen im Mittel bei 142/82 mm Hg, 69% der Patienten von ONTARGET waren Hypertoniker. Die Studiendauer betrug im Durchschnitt 56 Monate. Die während der Studie gemessenen Blutdruckwerte waren in der AT1 Antagonisten Gruppe geringfügig niedriger als in der ACE Hemmer Gruppe. Der primäre Endpunkt von ONTARGET (Summe von kardiovaskulären Todesfällen, nicht tödlichen Herzinfarkten und Schlaganfällen) trat bei allen drei Patientengruppen gleich auf. Im Vergleich zur ACE-Hemmer Gruppe (24.5%) erfolgten Therapieabbrüche in der AT1 Antagonisten Gruppe etwas seltener (23%) und bei den mit der Kombination behandelten Patienten deutlich häufiger (29.3%).

Der Unterschied zwischen der ACE Hemmer Gruppe und der AT1 Antagonisten Gruppe wird, wegen Hustens bei den mit dem ACE Hemmer behandelten Patienten, durch die deutlich höhere Zahl von Therapieabbrüchen verursacht. Insgesamt zeigt ONTARGET, dass bei Patienten mit hohem kardiovaskulärem Risiko ein AT1-Blocker und ein ACE Hemmer bei der Festlegung der gesteckten Ziele (Summe von kardiovaskulären Todesfällen, nicht tödlichen Herzinfarkten und Schlaganfällen, sowie von Krankenhaus-Einlieferungen wegen Herzinsuffizienz) gleichwertig sind.

Wie zu erwarten war, trat Husten bei den mit dem ACE Hemmer behandelten Patienten deutlich häufiger auf. AT1-Antagonisten sind daher eine Alternative für Patienten, die eine Behandlung mit ACE Hemmer wegen Reizhustens nicht vertragen haben.

Bei einer Metaanalyse, welche leichte Einflüsse durch die Life-Studie [Lancet., 2002] und durch die ASCOT Studie [Dahlöf, 2003] bekam, kam man zu dem Schluss, dass Beta Blocker im Vergleich zu anderen Antihypertensiva weniger wirksam sind. Doch bei der Verhinderung von Schlaganfällen, Myokardinfarkten und bei der Verbesserung der Lebenserwartung sind Beta-Blocker ebenso effektiv wie AT1 Antagonisten.

Durch die Metabolische Neutralität von AT1 Rezeptorblockern ist das Präparat auch für die Anwendung beim Diabetiker geeignet. In einer Untersuchung über 12 Wochen bei Patienten mit Diabetes mellitus Typ II haben Trenkwalder et al. im Jahre 1997 keine ungünstige Auswirkung auf den Glukose- oder Lipidstoffwechsel feststellen können. Darüber hinaus verdichten sich die Studiendaten, dass die AT1 Antagonisten protektive Effekte in Bezug auf das Auftreten eines Diabetes mellitus haben. In der CHARM Studie konnte eine signifikante Risikoreduktion für das Neuauftreten eines Diabetes mellitus von 22% für die mit AT1 Antagonisten (Candesartan) behandelten Patienten gezeigt werden. Im Vergleich zu AT1 Antagonisten weisen ACE Hemmer ein größeres Potential für Medikamenten-Interaktionen auf [Unger et al. 2003]. So kann es unter der gleichzeitigen Einnahme von ACE Hemmern mit Blutzucker senkenden Medikamenten zu einer verstärkten Hypoglykämie kommen.

6. Zusammenfassung und Ausblick

Das Metabolische Syndrom ist in den Industrieländern eine der häufigsten Krankheiten der heutigen Zeit. Es hat nicht nur gesundheitliche, sondern auch wirtschaftliche Auswirkungen. Jährlich werden Unmengen aus den Staatskassen gezahlt, um gegen die Krankheit vorzugehen. Der Schlüssel liegt hierbei jedoch nicht nur in der direkten Bekämpfung, sondern viel mehr in der Vorsorge. Programme wie „Fit Kids" und „Fit im Alter", der „Nationale Aktionsplan" oder „Kinderleicht" sollten zunehmend gefördert und weitere Maßnahmen konzipiert werden. Hierzu ist aber nicht nur ein Umdenken in der Politik, sondern viel eher in den Köpfen der Betroffenen von Nöten. Regelmäßige ärztliche Untersuchungen und ein direktes Auseinandersetzen bereiten den Weg für eine präzise und wirkungsvolle Therapie. Sowohl Vorsorge als auch Aufklärungsmaßnahmen helfen den Patienten die Krankheit zu erkennen und mit einer abgestimmten Therapie zu leben. Es muss zu einem Umdenken der betroffenen Patienten mit Metabolischen Syndrom stattfinden. Ihnen muss bewusst werden, dass es zwar Medikamente gegen ihre Krankheit gibt, jedoch ebenso, dass sie schon durch eine Änderung ihres Lebensstils ihren Krankheitszustand wesentlich positiv beeinflussen können. Tägliche Bewegung hat einen erheblichen Einfluss auf den Krankheitsverlauf. Kinder sind hierbei besonders zu beachten. Denn lernen sie schon im frühen Alter sich regelmäßig und gesund zu bewegen und sich richtig zu ernähren, so wird das hohe Risiko der Erkrankung erheblich gesenkt. Hierbei spielen Politik und Medien eine wichtige Rolle. Es gilt, über die Krankheit mit ihren Auswirkungen und Risiken aufzuklären und Vorschläge für mögliche Therapien zu unterbreiten.

Besonders Pharmazieunternehmen sollten sich in diesem Punkt ihrer Verantwortung bewusst sein. Getreu dieser Aufklärungs- und Heilungsverantwortung ist Takeda Pharma GmbH im deutschen Markt tätig. Das Ziel der Forschungsarbeit der Takeda Pharma GmbH ist es vorrangig, das Leben der am Metabolischen Syndrom erkrankten Menschen zu verbessern und sie in ihrer Therapie zu unterstützen.

In meinem 10- wöchigen Praktikum bei Takeda Pharma GmbH in der Medico Marketing Abteilung habe ich genau dieses Vorgehen begleitet. In enger Zusammenarbeit mit der Produktmanagerin und anhand des blutdrucksenkenden Mittels Blopress (einem oralen Anti-Hypertensivum) bekam ich die Möglichkeit, einen Einblick in das weltweit auftretende Krankheitsbild des Metabolischen Syndroms zu gewinnen. Des Weiteren habe ich Unterlagen für den Außendienst erstellt, Präsentationen vorbereit, Internetrecherchen zur Mitbewerberanalyse durchgeführt, Auswertung von Marktforschungen vorgenommen, Entwürfe von Mailings erarbeitet und als Assistent an internen Tagungen teilgenommen.

Diese Aufgaben als Marketingassistent haben mir gezeigt, dass es wichtig ist früh und primärpräventiv im Bereich Metabolisches Syndrom zu agieren, um die Mortalität zu senken und den Gesundheitszustand und das Wohlbefinden des Einzelnen zu steigern oder beizubehalten. Ebenso wichtig ist es einem schon kranken Menschen mit Hilfe einer adäquaten Therapie Perspektiven zu geben. Der direkte Kontakt mit Ärzten auf Schulungen und Außendienstterminen hat mir jedoch ebenso gezeigt, dass vielen Patienten der Ernst ihrer Krankheit nur unzureichend bewusst ist. Hier gilt es anzusetzen und das Aufklärungssystem auszuweiten und zu verbessern. Es könnte gar eine sogenannte „win – win" Situation entstehen. Einerseits würde der Staat auf längere Sicht gesehen enorme Einsparungen in Rehabilitationsmaßnahmen und Medikamententherapie vorweisen und andererseits diese Einsparungen in z.B. Prophylaxe und Prävention reinvestieren können. Da es keine einfache und schnelle Lösung dieses Problems (nicht) gibt, muss zur Verbesserung der Lage zunächst ein allgemeines Umdenken in der Bevölkerung und im Gesundheitswesen stattfinden. Nur so kann eine fundamentale Basis für eine erfolgreiche Bekämpfung der Inzidenz dieser Krankheit entgegengesteuert werden.

Literaturverzeichnis

Berrettini 2005 WH, Lerman CE. Pharmacotherapy and pharmacogenetics of nikotine dependence. Am J Psychiatry. 2005 Aug;162(8):1441-51. Review

Dahlöf 2003 ASCOT ANGLO-SCANDINAVIAN CARDIAC OUTCOMES TRIAL

DCCT 2005 Research Group: The Diabetes Control and Complications Trial (DCCT). Design andmethodologic considerations for the feasibility phase. The DCCT Research Group. Diabetes 35 530-545. Evidenzklasse Ib

DPM (IMS Health) 6/2009 Der Deutsche Apothekenmarkt 2.Quartal 2009,

Expert Opinion, Drug Evaluatio, Candesartan: widening indications fort his angiotensin II receptor blocker, 2007

Herzinfarkt-Report 2000 Hans Schaefer Gottfreid Jentsch Ellis Huber Bernd Wegner Herrausbringer Uraban & Fischer 1 Auflage 2000

Herz Kreislauf kompakt von C.Vallbracht und M.Kaltenbach erschienen beim Steinkopff Verlag Darmstadt 2006

Helmholtz Zentrum München - Deutsches Forschungszentrum für Gesundheit und Umwelt, Prof. Dr. Günther Wess 2001

Hennekes CH 2003, Primary preventation of cardiovascular disease, uptodater 2003

Lancet. 2002 Mar 23;359(9311):995-1003.
Cardiovascular morbidity and mortality in the Losartan Intervention For Endpoint reduction in hypertension study (LIFE): a randomised trial against atenolol.

Lithell 2003 H et al., for the SCOPE Study Group. J Hypertens 2003; 21: 875–86.

Mackay J. and Mensah G. The Atlas of Heart Disease and Stroke. World Health Organization, Centers for Disease Control and Prevention: Geneva; 2004.

Max Rubner Institut, 2008 Nationale Verzehrs Studie II, Ergebnisbericht Teil 1, Max Rubner Institut, Bundesministerium für Ernährung. Landwirtschaft und Verbraucherschutz 2008

Mutschler Arzneimittelwirkung Ernst Mutschler, Gerd Geisslinger, Heyo K.Kroener und Monika Schäfer-Korting 8Auflage

Paolo Madeddu; 2000

Angiotensin II Type 1 Receptor Blockade Prevents Cardiac Remodeling in Bradykinin B2 Receptor Knockout Mice

Peeters A 2006, Ma,un AA cardiovascular life history

Petersen S 2004, Peto V. and Rayner M. Coronary heart disease statistics. British Heart Foundation: London; 2004.

Pirart, 1978 DCCT, 1993, EK Ia;, EK Ib; Reichard et al., 1996, EK Ib

Richer MJ, 2009 Ann N Y Acad Sci. 2009 Sep;1173:487-92. Preventing viral-induced type 1 diabetes. Horwitz MS.

Unger 2003, The New England journal of Medicine, April 10, 2008 vol. 358 NO.15, Telmisartan, Ramipril, or Both in Patients at High Risk for Vascular Events, the ONTARGET Investigation

W. Kiess, 2001, Ätiopathogenese des Diabetes mellitus Typ 1, Springer Berlin / Heidelberg

Internet:

Adipositas Stiftung Deutschland
http://blog.adipositas-stiftung.com/2009/10/20/teufelskreis-metabolisches-syndrom-und-herzinsuffizienz/ November 2009

destatis.de 2006 Statistisches Bundesamt Deutschland,
http://www.destatis.de/jetspeed/portal/cms/Sites/destatis/Internet/DE/Content/Statistiken/Gesundheit/GesundheitszustandRisiken/Aktuell,templateId=renderPrint.psml 20 August

Deutsche Diabetes-Stiftung (DDS) 2008
http://www.diabetesstiftung.de/dds_news_archiv.html?&no_cache=1&tx_ttnews%5BpS%5D=1086040800&tx_ttnews%5BpL%5D=2591999&tx_ttnews%5Barc%5D=1&cHash=6fd3f467cf November 2009

DGE, 2002
http://nutrition.a-w.de/dge/ger/lexikon/LS007000.HTM September2009

Dr. Marc Jungermann, 2007
www.dr-gumpert.de Januar 2010

Dr. Stefan Ehehalt; 2002

http://www.ncbi.nlm.nih.gov/pubmed/19903753?itool=EntrezSystem2.PEntrez.Pubm
ed.Pubmed_ResultsPanel.Pubmed_RVDocSum&ordinalpos=1 Januar 2010

Herr Prof. Dr. Hil
http://aerzteblatt-student.de/doc.asp?docid=105801 20.06.2007

IDF Stand Januar 2007
Professor Martin Silink, http://www.idf.org/sound_bites 24.September 2009

Prof.Dr.Thomas F.Lüscher, 2003
www.just-medical.ch Telmisartan: Die Resultate der ONTARGET-Studie mit
Kurzinterview von Prof.Dr.Thomas F.Lüscher, Universitätsspital Zürich 29.03.2008

Reinhart Hoffmann, 2009

http://pressetext.de/news/090512039/die-zahl-der-diabetiker-steigt-dramatisch-die-
kosten-ebenso/ 3 September 2009

Statistisches Bundesamt Deutschland 2006,
http://de.statista.com/themen/69/todesursachen/?gclid=CJ7JvO_R0pwCFc4TzAoddE
hMLQ 10 September 2009

Statistisches Bundesamt Deutschland, 2002
http://www.destatis.de/jetspeed/portal/cms/Sites/destatis/Internet/DE/Content/Statisti
ken/Gesundheit/GesundheitszustandRisiken/Aktuell,templateId=renderPrint.psml 20
August

Scott M. Grundy, James I. Cleeman,

http://circ.ahajournals.org/cgi/reprint/CIRCULATIONAHA.105.169405v1.pdf

Savilahti E Juni 2009, Saarinen KM, 20 August 2009

http://www.ncbi.nlm.nih.gov/pubmed/19263185?ordinalpos=14&itool=EntrezSystem2
.PEntrez.Pubmed.Pubmed_ResultsPanel.Pubmed_DefaultReportPanel.Pubmed_RV
DocSum 20 August 2009

Takeda Pharma GmbH
www.takeda.de 20.September 2009

W. A. Scherbaum, 2007

www.ddg.de/gesellschaft.de/redaktion/mitteilungen/leitlinien/leitlinie.php August 2009

W.Waldhäsler, 2004
http://www.diabetesstiftung.de/fileadmin/docs/kora_studie_englisch.pdf August 2009

Weiland, 2006
http://www.onmeda.de/krankheiten/angina_pectoris-definition-9796-2.html
November 2009